LES

PETITS PÈCHEURS

Les Thons.

Les Carpes.

LES PETITS PÊCHEURS

Le petit pensionnat du Préci était veuf de presque tous ses élèves, qui étaient allés passer les vacances dans leurs familles. Cinq ou six d'entre eux seulement, dont les parents habitaient au loin, ou qui avaient le malheur d'être orphelins, étaient restés pendant ce temps de repos sous la direction de M. l'abbé de July, chef de l'établissement. Ce digne instituteur n'était pas fâché de voir pour quelque temps diminuer le nombre de ses élèves; non que son zèle, soutenu par une piété fervente, eût besoin de quelque repos après une année de travaux incessants, mais parce qu'il pouvait se dévouer et, pour ainsi dire, s'unir plus intimement aux jeunes enfants qui étaient restés confiés à ses soins. Il se plaisait à vivre constamment avec eux, à ne pas les perdre un instant de vue, à faire de ces jeunes enfants les compagnons de tous ses instants et comme sa famille. Le matin, il consacrait avec eux quelques heures au travail, leur rappelait ce qu'ils avaient appris et les préparait à ce qu'ils devaient apprendre; plus tard il partageait leurs repas, et dirigeait leurs jeux. Son caractère bienveillant, sa patience à toute épreuve, ses connaissances variées rendaient le bon abbé nécessaire à ses élèves pendant les récréations, et de même ils disaient qu'ils n'étudiaient avec fruit que lorsqu'il dirigeait lui-même leurs travaux.

Souvent, le soir, lorsque le temps était beau, et quand les devoirs avaient été bien faits, M. de July conduisait ses élèves à la promenade. Assis sous un arbre et son livre à la main, il présidait aux courses et aux jeux auxquels ils se livraient dans quelque prairie, et c'était toujours à son jugement que l'on s'en rapportait lorsqu'une discussion surgissait au milieu d'une partie de barres ou dans quelque autre circonstance aussi grave. De temps en temps on faisait de longues courses pour aller admirer quelque beau paysage ou visiter quelque curiosité. Alors le bon abbé dirigeait la conversation vers un point intéressant de morale à la portée de ses auditeurs, ou il leur expliquait quelque partie amusante de la science, en leur montrant partout la sagesse, la puissance et la bonté de Dieu, qui dominent toute la création, inculquant dans leurs cœurs les principes de piété, qui sont les plus utiles de tous les enseignements, et les seuls qui mènent au bonheur avec certitude.

Un jour les élèves sollicitèrent avec instance la permission de faire une partie de pêche; le sage instituteur hésita quelque temps, parce qu'il craignait les accidents; mais on promit si solennellement d'agir avec prudence, d'ailleurs on avait si bien travaillé toute la semaine, qu'il dut céder à la prière générale, et il fut décidé que le lendemain, si tout le monde savait bien ses leçons, on irait pêcher à la ligne dans un petit bras du Cher qui coulait dans le voisinage, et qui, par son peu de profondeur, ne présentait aucun danger.

Ce fut une grande réjouissance dans

toute la maison quand on eut enfin obtenu la permission si vivement désirée; chacun s'empressa de se préparer pour le grand jour du lendemain; on envoya chercher du crin, des hameçons, des baguettes; tandis que les uns disposaient les lignes, d'autres fouillaient la terre du jardin pour chercher les vers qui devaient servir d'appât; enfin chacun, en s'endormant, rêva qu'il tirait de l'eau un superbe saumon pris au bout de sa ligne.

Le lendemain, à l'heure dite, chacun était prêt et muni des instruments convenables. Bientôt on fut rendu au lieu désiré, et toutes les lignes furent tendues. Toutefois l'empressement des poissons à mordre à l'hameçon ne répondait pas à l'impatience des écoliers; en vain tous les yeux étaient fixés sur le liége flottant qui devait indiquer la présence de la proie tant désirée, aucun poisson ne se laissait prendre. Le bon abbé, assis auprès des petits pêcheurs sur le tronc d'un arbre renversé, riait doucement de leur désappointement, et attendait que quelque question lui fournît le moyen de donner aux enfants quelque enseignement utile.

Cette occasion ne tarda pas à se présenter, et le dialogue suivant s'établit entre les élèves et leur sage instituteur.

EDMOND.

Comment les poissons font-ils pour vivre ainsi sous l'eau sans respirer ?

M. DE JULY.

Ils respirent, mon cher enfant; mais comme ces animaux étaient destinés à vivre au milieu des eaux, le Créateur leur a donné une organisation appropriée à l'existence à laquelle il les destinait; là, comme dans toute la nature, nous pouvons reconnaître la trace de la sagesse et de la puissance divines. L'eau qui presse et renferme les poissons contient en dissolution une certaine quantité d'air atmosphérique, et ces animaux ont reçu des appareils propres à l'en extraire facilement. Les ouïes constituent ces organes de la respiration : elles consistent en feuillets suspendus à des arceaux qui tiennent à l'os hyoïde, et recouverts d'un tissu d'innombrables vaisseaux sanguins.

EDMOND.

Mais comment les poissons font-ils pour nager avec tant d'aisance et de rapidité ?

M. DE JULY.

Ne connaissez-vous pas, mon enfant, ces nageoires qui sont attachées au corps des poissons, et qui leur servent à se diriger dans l'eau comme les ailes soutiennent les oiseaux dans l'air? Les poissons ont reçu en outre un appareil au moyen duquel ils peuvent s'élever ou descendre à volonté, c'est ce qu'on nomme la vessie natatoire. Ce réservoir à air, placé sous l'épine dorsale, se remplit ou se vide selon la volonté de l'animal qui en est pourvu, et le rend ainsi plus pesant ou plus léger que le volume d'eau qu'il déplace, ce qui lui permet de descendre au fond de l'eau ou de monter à sa surface selon ses besoins ou ses caprices. Les poissons sont d'ailleurs couverts d'une espèce de cuirasse formée d'écailles superposées comme les tuiles d'un toit, qui, attachées à des plis de la peau, les couvrent et les protégent, et présentent une surface glissante qui facilite leurs mouvements dans l'eau.

EDMOND.

N'est-il pas vrai, Monsieur, qu'il y a un grand nombre de poissons différents?

M. DE JULY.

Mon cher ami, les naturalistes en comptent environ douze cents, qu'ils partagent en divers ordres, suivant la nature et la position de leurs nageoires.

ALEXANDRE, *tirant sa ligne.*

Ah! voyez, voyez, j'ai pris un poisson! il n'est pas bien gros; mais comme il est joli et brillant!

M. DE JULY.

C'est une *Ablette*, un des plus petits poissons de nos rivières. Ses écailles sont en effet remarquables par leur éclat, on les dirait argentées ou nacrées : aussi en fait-on usage pour la fabrication des fausses perles. Ce petit poisson appartient au même ordre que les *Goujons*, qui vivent dans nos eaux douces en grandes troupes. Les *Tanches*, les *Brêmes*, les *Barbillons*, appartiennent encore à la même famille des Cyprins, qui a pour chef la *Carpe;* ce beau poisson habite les lacs, les étangs, les rivières ; de la nature des eaux dépend le plus ou moins de délicatesse de sa chair. Les carpes peuvent atteindre une taille très-considérable; on en a vu qui pesaient jusqu'à vingt-cinq à trente kilogrammes. On prétend que ce poisson est très-adroit à éviter les piéges du pêcheur, et que, lorsqu'il voit approcher le filet, il plonge sa tête dans la vase, laisse passer le filet, et ne reparaît que lorsqu'il n'y a plus de danger. La reproduction de ces poissons est immense et proportionnée à sa destruction. On a trouvé dans le corps d'une carpe jusqu'à sept cent mille œufs; mais une grande partie de ces œufs et des petits qui en naissent sont la proie des poissons voraces.

EDMOND.

Comment! est-ce que les poissons se mangent les uns les autres?

M. DE JULY.

Ils se font une guerre continuelle, et il faut qu'ils se multiplient beaucoup pour que la destruction que l'homme en fait, jointe à celle qui résulte de la voracité de certaines espèces, n'en diminue pas sensiblement la quantité. Le plus redoutable des habitants de nos eaux douces, c'est le *Brochet;* toujours affamé, il se précipite sur tous les poissons qui s'offrent à sa rencontre; on le voit encore se mettre en embuscade contre le courant de l'eau, prêt à fondre sur l'imprudent qui tentera le passage. Friand de petits poissons, il en mange aussi de gros, et

les brochets se dévorent même entre eux. La croissance de ces poissons est rapide; on en trouve dans le nord de l'Europe qui ont d'un mètre vingt-cinq centimètres à un mètre et demi de long. Leur longévité paraît être très-remarquable.

ALEXANDRE.

Le brochet est donc le requin des rivières?

M. DE JULY.

Vous l'avez bien compare, mon enfant. Le *Requin* est en effet un monstre vorace, avide de sang et insatiable de proie; mais sa force et sa taille sont autant au-dessus de celles du brochet que la mer l'emporte en étendue sur les eaux de nos rivières. Le requin parvient quelquefois jusqu'à une longueur de dix mètres, et pèse jusqu'à cinq cents kilogrammes.

Recherchant sans crainte tout ennemi, poursuivant avec plus d'obstination, attaquant avec plus de rage, combattant avec plus d'acharnement que les autres habitants des eaux; rapide dans sa course, répandu dans tous les climats, ayant envahi pour ainsi dire toutes les mers; paraissant souvent au milieu des tempêtes, aperçu facilement par l'éclat phosphorique dont il brille au milieu des ombres des nuits les plus orageuses; menaçant de sa gueule énorme et dévorante les infortunés navigateurs exposés aux horreurs du naufrage, leur fermant toute voie de salut, leur montrant, pour ainsi dire, leur tombe ouverte, et plaçant sous leurs yeux le signal de la destruction, il n'est pas étonnant qu'il ait reçu le nom sinistre qu'il porte, et qui réveille le souvenir de la mort. Le nom de *requin* vient par corruption du mot latin *requiem*.

Le corps du requin est très-allongé, et la peau qui le recouvre est garnie de petits tubercules très-serrés les uns contre les autres. Comme cette peau tuberculée

est très-dure, on l'emploie dans les arts à polir différents ouvrages de bois et d'ivoire; on s'en sert aussi pour faire des liens et des courroies, ainsi que pour couvrir des étuis et d'autres meubles; la peau de requin porte ordinairement dans le commerce le nom de *peau de chien de mer*, ou *peau de chagrin.* La dureté de cette peau est très-utile au requin, et sert à le protéger contre la morsure de plusieurs animaux assez forts et doués de dents meurtrières.

L'énorme gueule du requin est garnie d'une sextuple rangée de dents tranchantes, blanches comme de l'ivoire, et mobiles au gré de l'animal.

Sa gourmandise insatiable lui est quelquefois fatale : on le prend au moyen d'un gros hameçon de fer garni de lard, et on le hisse à bord des bâtiments. Mais dans cet état il est encore à craindre et un coup de sa queue suffit pour tuer un homme. On mange dans quelques pays la chair des jeunes requins, mais elle n'est pas recherchée. On retire de l'huile de la graisse de son foie.

ALEXANDRE.

La mer contient donc des poissons aussi redoutables que les bêtes féroces des déserts ?

M. DE JULY.

Parmi les plus remarquables en ce genre il faut citer l'*Épée de mer* ou *Espadon*, qui atteint quelquefois jusqu'à cinq mètres de longueur. Son corps est arrondi, et sa mâchoire supérieure allongée et aplatie comme une lame d'épée. Cette lame, qui a usqu'à deux mètres de long, lui sert d'arme offensive et défensive ; il s'en sert surtout pour attaquer la baleine, dont il est le seul adversaire redoutable.

EDMOND.

Ah! voilà Charles qui retire sa ligne avec un grand poisson. Comme le pauvre animal se débat sur l'herbe! Charles ne peut parvenir à s'en emparer.

M. DE JULY.

C'est une *Anguille*. Ce poisson est d'une agilité extrême, et sa peau est recouverte d'une mucosité visqueuse qui le rend fort difficile à saisir. Les anguilles sont très-voraces et se nourrissent de petits poissons, de grenouilles, de vers et de végétaux; elles nagent également bien en avant et en arrière, et leur couleur varie suivant une foule de circonstances extérieures. Elles fournissent à nos tables une chair assez agréable mais indigeste. Quand la saison est très-chaude et que l'eau stagnante des étangs commence à se corrompre, les anguilles quittent le fond et se cachent sous les herbes du rivage, ou même se mettent en voyage pour aller, à travers les terres, chercher une demeure plus favorable. C'est ordinairement pendant la nuit qu'elles font ces voyages singuliers, et, quand la sécheresse est extrême, elles s'enfoncent dans la vase, pour y rester enfouies jusqu'à ce que l'eau soit revenue. On a vu de ces animaux passer ainsi privés d'eau un temps assez long, et reprendre leur agilité quand leur élément leur était rendu.

La *Gymnote*, ou *Anguille électrique*, a le corps allongé comme les autres anguilles , mais s'en distingue par unefa - culté bien extraordinaire qu'elle partage avec la melaptérure électrique. Ce poisson atteint d'un mètre soixante - cinq centimètres à deux mètres de long, et décharge à volonté, et dans les directions qu'il lui plaît , de violentes commotions électriques assez fortes pour terrasser un homme et les animaux les plus vigoureux, comme le bœuf et le cheval.

Les *Murènes*, qui appartiennent au même ordre de poissons , et qui lui ont même donné leur nom, se distinguent par les nageoires pectorales. Ce poisson est devenu célèbre par les extravagances des gourmands romains, qui les élevaient avec les soins les plus recherchés dans de magnifiques viviers.

CHARLES.

J'ai lu aussi quelque part que les Romains faisaient des folies du même genre pour les *Rougets*. Pour mieux observer le changement de couleur que ces poissons éprouvent au moment de mourir, et pour les avoir plus frais, ils les faisaient venir dans de petites rigoles jusque sous les tables où l'on mangeait, et les faisaient mourir dans des vases de terre, que les convives se passaient de main en main.

M. DE JULY.

C'est très-bien, Charles; je vois avec plaisir que vous profitez de vos lectures.

Vous pouvez encore ajouter la lamproie à la liste des poissons recherchés par les anciens. La *Lamproie* est un poisson cartilagineux de mer et de rivière, long de trente-trois centimètres environ et épais de deux doigts. Sa peau est gluante, sans écailles, argentée sous le ventre et d'un bleu noirâtre sur le dos.

Elle a sur la tête une ouverture qui lui sert à attirer et à rejeter l'eau. Elle nage sur la surface de cet élément, et s'attache fortement à la pierre ou au bois. Elle ne vit que deux ans; sa chair est indigeste.

Mais, mes chers enfants, il est temps de mettre fin à votre pêche; si elle n'a pas été aussi fructueuse que vous l'espériez, vous allez cependant rapporter à la maison de quoi faire un plat, et l'heure nous force à la retraite.

CHARLES.

Nous voilà prêts à partir, Monsieur; mais soyez assez bon, nous vous en prions, pour continuer, en marchant, de nous donner quelques détails sur les poissons, et notamment sur les innombrables habitants des mers.

M. DE JULY.

Très-volontiers, mes enfants; c'est toujours un bonheur pour moi de vous instruire en vous amusant. Nous allons nous occuper d'abord, si vous le voulez, des poissons voyageurs, de ces troupes nombreuses qui se livrent à des émigrations lointaines aussi remarquables par la longueur du voyage que par la singularité avec laquelle il est exécuté.

Il faut d'abord citer le *Saumon,* le plus fort de ces poissons, et celui qui nous fournit la meilleure nourriture. Il marche souvent par troupes réglées. A la tête se trouve le plus vieux, remplissant les fonctions de commandant; il est suivi de deux autres; ceux-ci de trois, puis de quatre, etc., les rangs allant toujours en s'élargissant dans cette proportion.

Ce poisson, d'une chair nourrissante et délicate, atteint quelquefois une taille assez considérable; il pèse jusqu'à quinze et vingt kilogrammes. Il habite tantôt les mers et tantôt les eaux douces, en remontant dans les fleuves et les rivières qui s'y déchargent. Il est si fortement musclé, et possède des mouvements si énergiques, qu'il remonte contre le courant de l'eau avec la rapidité d'un trait, surtout lorsque les rivières sont enflées par l'abondance des pluies. C'est depuis le mois de novembre jusqu'au printemps que les saumons quittent la mer pour entrer dans les fleuves. Si en nageant à la surface de l'eau ils rencontrent une digue, ils s'élancent au delà, eût-elle jusqu'à deux mètres de haut. On en voit remonter de cette manière dans le Rhin, la Garonne, la Tamise, et autres fleuves et rivières jusqu'à la distance de quatre cents kilomètres. Les saumons se nourrissent de vers, de petits poissons, et s'engraissent dans l'eau douce.

La chair du saumon est très-estimée; et dans certaines localités, dans les rivières du nord de l'Europe surtout, la pêche de ce poisson est une branche d'industrie des plus productives et des plus importantes.

La *Truite de mer,* la *Truite saumonnée* et la *Truite commune* se rapprochent de la forme du saumon, et offrent à nos tables une nourriture assez délicate.

Vous connaissez tous le *Hareng* commun, devenu célèbre par la pêche dont il est l'objet et par l'abondance qui en est répandue dans le commerce. Il fait sa demeure dans les mers du Nord, et arrive chaque année en légions innombrables sur diverses parties des côtes d'Europe, d'Asie et d'Amérique. Quelques ichthyologistes ont pensé que les harengs se retirent périodiquement sous les glaces des mers polaires, et qu'ils partent de là en immenses colonnes qui vont se répandre en diverses régions du globe. Cette opinion est loin d'être démontrée positivement, et certaines données sembleraient prouver le contraire. Les harengs viennent sur nos côtes déposer leurs œufs, et ensuite ils remontent dans les mers arctiques pour y trouver les petits mollusques et les petits crustacés qui forment leur nourriture. C'est au printemps qu'ils se rapprochent du rivage, et qu'ils viennent chercher des eaux plus chaudes et moins profondes. En général, ces poissons arrivent dans les mêmes parages à jour nommé, pour ainsi dire; quelquefois aussi des circonstances particulières les en éloignent pendant plusieurs années. Ils voyagent en nombre incalculable et en formant des bancs serrés, qui couvrent quelquefois la surface de la mer dans une étendue de plusieurs lieues et dans une épaisseur de plusieurs centaines de pieds. C'est alors qu'on leur fait une pêche très-avantageuse et qu'on en prend des quantités prodigieuses.

Il paraît que ces colonnes de harengs partent au commencement de l'année de la zone glaciale, à plusieurs degrés au nord de l'Islande; les unes se dirigent vers l'Amérique, et la plus grande masse se rapproche de l'ancien continent. Vers la fin d'avril elle atteint les îles Shetland. En poursuivant sa marche vers le sud, elle vient à l'entrée de la mer Baltique, et s'avance jusqu'au golfe de Bothnie, tandis que le reste de la colonne longe les côtes du Danemark, d'Allemagne, de la Hollande, de la France, entoure la Grande-Bretagne et l'Irlande, et, après une courte apparition sur les côtes d'Espagne, gagne le large et se soustrait aux attaques des pêcheurs ainsi qu'aux recherches des naturalistes. Les Hollandais sont les premiers qui aient donné à la pêche des harengs une grande importance; pendant longtemps, leurs bateaux pêcheurs ont fait subsister plus de cinq cent mille individus : les Anglais les ont suivis dans cette voie, et en font un commerce important. Des harengs que l'on pêche, les uns se mangent frais, c'est une nourriture saine et agréable ; les autres se salent ou se sèchent, et prennent le nom de harengs saurs. Ceux qui échappent à la destruction retournent sur la fin de l'été vers les mers septentrionales pour y donner naissance à la génértaion de l'année suivante, qui doit fournir la même carrière. Cette pêche emploie chaque année des flottes entières, et jadis elle était poursuivie avec encore plus d'activité.

Une autre espèce du genre des harengs donne également lieu à des pêches importantes : c'est la *Sardine*, célèbre par l'extrême délicatesse de sa chair. Elle habite l'océan Atlantique, la mer Baltique et la Méditerranée. Pendant l'hiver elle se tient dans les profondeurs de la mer; mais vers le mois de juin elle se rapproche des côtes, réunie en légions immenses. On a vu des bateaux prendre jusqu'à quarante et même jusqu'à cinquante mille de ces poissons. La pêche de la sardine se fait à peu près de la même manière que celle du hareng, mais avec des filets à mailles plus petites ; et les pêcheurs, afin d'y attirer plus de poisson, ont soin d'y jeter un appât particulier.

Le poisson, attiré par cet appât, qui se fait en Norwége avec des œufs de morue salés, cherche à traverser les mailles du filet tendu entre lui et l'appât, et se trouve pris dans les mailles sans pouvoir se dégager. Une bonne pêche rapporte de 25 à 40 milliers de sardines. Les chaloupes qui se livrent à cette pêche sur les côtes de la Bretagne sont hardiment construites et voilées; elles sont montées par cinq hommes appartenant ordinairement à la même famille. Depuis l'embouchure de la Loire jusqu'à l'extrémité de la Bretagne, la sardine abonde chaque été et donne lieu à des pêches très-productives; aussi existe-t-il sur ces côtes un grand nombre d'établissements appelés *presses*, dans lesquels on s'occupe de la salaison de la sardine.

L'*Alose*, que l'on pêche aussi dans les fleuves, qu'elle remonte comme les saumons, appartient à la même classe de poissons que les harengs et les sardines.

Elle fournit une nourriture saine et recherchée.

Les *Maquereaux* donnent aussi lieu, sur nos côtes, à une pêche très-productive

et à des salaisons presque aussi considérables que les harengs. C'est un poisson rond, gras, épais, et long d'environ trente-trois centimètres. Son dos est richement coloré de bleu, de blanc et de vert, sa bouche garnie de petites dents très-aiguës; sa chair est excellente. Comme ces poissons paraissent sur les côtes de nos mers à des époques invariables, on a débité plusieurs fables pour expliquer ces migrations fixes et périodiques. On a dit que les maquereaux passaient l'hiver dans les mers du Nord, et qu'ils en descendaient au commencement du printemps pour trouver, le long des rivages, une nourriture plus abondante et des endroits plus favorables pour y déposer leur frai. Cette opinion ne s'appuie pas sur des données assez certaines, et il paraît beaucoup plus vraisemblable que les maquereaux vivent ordinairement au fond des eaux, et qu'à certaines époques leurs légions innombrables sont appelées vers les rivages par les deux raisons que nous venons d'indiquer précédemment. Quoi qu'il en soit, les pêcheurs en saisissent un très-grand nombre, qui se consomment ensuite dans les pays plus éloignés dans les terres.

Le *Thon* ressemble assez au maquereau par la forme générale de son corps, mais il est moins allongé et atteint une taille bien plus considérable : en général, sa longueur est de un mètre à un mètre trente-trois centimètres, mais il paraît que quelquefois il a plus de cinq mètres. On assure que, sur les côtes de Sardaigne, il n'est pas rare d'en prendre dont le poids s'élève à plus de cinq cents kilogrammes; ceux de cinquante à cent cinquante kilogrammes n'y sont appelés que des demi-thons; enfin un auteur qui a fait une histoire naturelle de cette île assure qu'on en a vu de neuf cents kilogrammes.

Les attributs qu'ils ont reçus de la nature leur donnent une grande prééminence sur le plus grand nombre des autres poissons. C'est presque toujours à la surface des eaux qu'ils se livrent au repos, ou qu'ils s'abandonnent à l'action de diverses causes qui peuvent les déterminer à se mouvoir. On les voit, réunis en troupes très-nombreuses, bondir avec agilité, s'élancer avec force, cingler avec la vélocité d'une flèche. La vivacité avec laquelle ils échappent, pour ainsi dire, à l'œil de l'observateur, est principalement produite par une queue très-longue, qui frappe l'onde salée par une face très-étendue, ainsi que par une nageoire très-large; cette queue est animée par des muscles vigoureux, et soutenue de chaque côté par un cartilage qui accroît son énergie.

Ce poisson se montre quelquefois dans

l'Océan ; mais c'est surtout dans la Méditerranée qu'il abonde. On lui a fait, depuis les temps les plus anciens, une chasse très-active, et de nos jours cette chasse donne des produits très-considérables et exerce l'industrie d'un grand nombre de pêcheurs.

ALEXANDRE.

Les morues ne sont-elles pas aussi l'objet d'une pêche et d'un commerce considérables?

M. DE JULY.

La *Morue* est un poisson de l'Océan, long d'un mètre à un mètre trente-trois centimètres, et large de vingt-cinq à trente centimètres ; son corps est gros et arrondi ; elle est très-vorace et si gloutonne, qu'elle avale jusqu'à des morceaux de bois. C'est surtout sur les bancs de l'île de Terre-Neuve, près de la côte de l'Amérique septentrionale, que les pêcheurs de toutes les nations vont les chercher, dès que la fonte des glaces leur permet d'approcher de la côte. La morue s'y montre dès le printemps ; elle y vient pour frayer et pour chercher les harengs et d'autres petits poissons qui s'y rassemblent par légions innombrables.

Plusieurs procédés sont employés pour la pêche : le long de la côte de Terre-Neuve et sur les bancs qui l'avoisinent, on se sert de la ligne et de la seine. La seine est un grand filet rectangulaire dont le bord supérieur est garni de liége, et le bord inférieur de plomb. On fixe une extrémité de ce filet à la terre, et l'on porte l'autre en mer, de manière à décrire une courbe et à former une espèce d'enclos dans lequel le poisson se trouve renfermé ; on retire ensuite la seine par les deux extrémités, et l'on s'empare de tout le poisson qu'elle a renfermé dans l'enceinte qu'elle formait.

Quant à la pêche à la ligne, vous la connaissez tous, et vous venez de la pratiquer ; mais dans les parages où l'on pêche la morue, ce poisson y est quelquefois si abondant, qu'en peut se dispenser d'amorcer les lignes, et qu'il suffit de leur imprimer des secousses brusques pour accrocher les morues qui se pressent autour de l'hameçon. On se sert cependant ordinairement pour appât de petits poissons appelés capelans, et qui arrivent par bandes immenses à l'époque de la pêche. Chaque pêcheur a deux lignes, une de chaque côté du bateau, et souvent il a peine à retirer les morues aussi vite qu'elles se font prendre. Un bon pêcheur s'empare quelquefois de quatre cents morues dans un jour.

Sur le grand banc de Terre-Neuve, on se sert de *lignes de fond;* qui consistent en cordes très-fortes sur lesquelles on fixe, à la distance d'un mètre soixante-six centimètres l'une de l'autre, des lignes de quatre-vingt-trois centimètres, armées chacune d'un hameçon garni d'un appât. Les chaloupes munies de ces espèces de lignes jettent d'abord à la mer l'une des extrémités de la ligne, garnie d'un grappin, qui l'entraîne et la fixe au fond; on s'éloigne alors , en filant la ligne jusqu'à l'autre extrémité, qu'on laisse tomber à la mer après y avoir fixé un second grappin. Afin de pouvoir retrouver ces lignes, on a eu soin d'attacher aux grappins de petits câbles terminés par une bouée de liége qui surnage, et qui est elle-même surmontée d'un petit pavillon. Au bout de six à huit heures on retire cet appareil, et on le trouve souvent entièrement garni de morues. On parvient par ces procédés à opérer des pêches fort abondantes et s'élevant quelquefois, à la fin d'une saison, à soixante-dix mille morues pour un équipage de quinze hommes.

Aussitôt que les morues sont prises, on leur coupe la tête, on les éventre, on les vide, on les sale, on les sèche. Leur chair est d'une immense ressource dans certains pays; c'est la nourriture habituelle des peuples du Nord; elle tient lieu de pain et de tout autre aliment aux Norwégiens, qui en nourrissent même leurs bestiaux. En France, la morue qui se mange fraîche se nomme *cabeliau;* la sèche est appelée *merluche,* et la salée, *morue.*

EDMOND.

Qu'est-ce que la raie, s'il vous plaît?

M. DE JULY.

Les *Raies* forment une nombreuse tribu facile à reconnaître à leurs nageoires, ordinairement très-développées, et à la forme orbiculaire de leur corps, large, plat, armé de pointes piquantes dans sa partie supérieure et terminé par une queue mince et allongée. Nos mers nourrissent quelques espèces de raies recherchées pour le bon goût et la légèreté de leur chair. La plus commune est la raie *bouclée,* ainsi nommée à cause des gros tubercules garnis de chaque côté d'un aiguillon recourbé qui hérissent irrégulièrement les deux surfaces de son corps.

Ces poissons sont remarquables en ce qu'ils nagent sur leur largeur. Il y a beaucoup d'autres poissons qui ont de même la forme du corps aplatie. La *Limande* est un poisson de l'Océan plat et peu large; il a les yeux à droite, des taches noires aux nageoires et une ligne tortueuse au milieu du corps. Il nage à plat d'un côté. Sa chair est blanche et fort estimée. La *Plie* est un poisson des mers de l'Europe, que l'on trouve aussi en grande quantité dans la Loire; sa forme approche beaucoup de celle de la limande; elle a aussi les yeux à droite. Son corps est lisse, sa peau du côté des yeux est brune, tachetée de rouge et d'orange.

Le *Turbot* est un poisson de mer, large et plat, dont le dos est brun, les nageoires blanches, la bouche grande et sans dents. Il y en a qui n'ont que seize centimètres de long (on les nomme *cailletots*), et d'autres deux mètres. Ce poisson fréquente les rivages, est très-vorace, se nourrit de poissons, d'écrevisses, se met en embuscade à l'embouchure des rivières, dans le sable, agite ses barbillons, et avale goulûment les petits poissons qui se laissent séduire par cet appât.

ALEXANDRE.

Il me semble que j'ai entendu parler de poissons volants : en existe-t-il réellement ?

M. DE JULY.

Certainement il en existe : ce sont des poissons de mer, longs d'environ cinquante centimètres, et larges de seize centimètres. Ce qui distingue particulièrement ce poisson, ce sont les dimensions de ses nageoires pectorales, qui sont assez étendues pour qu'on les regarde comme des ailes. Cet appareil est composé d'une large membrane soutenue par de longs rayons articulés que l'on a comparés à des doigts ; comme les rayons

des pectorales de tous les poissons, les ailes du dactyloptère ont beaucoup de rapport dans leur conformation avec celles des chauves-souris.

Lorsque le *Dactyloptère* est poursuivi par ses ennemis au milieu des flots, il s'élance avec force hors de leur sein, se soutient quelque temps en l'air en frappant l'atmosphère de ses larges membranes, et s'en va retomber à une grande distance de son point de départ. Il traverserait dans l'atmosphère des espaces bien plus considérables encore, si la membrane de ses ailes pouvait conserver sa souplesse au milieu de l'air chaud et quelquefois brûlant des contrées où il se trouve; mais le fluide qu'il traverse a bientôt desséché ses ailes membraneuses, et rendu leurs mouvements très-difficiles et très-pénibles. Alors le dactyloptère, perdant sa faculté distinctive, retombe vers les eaux au-dessus desquelles il s'était soutenu, et ne peut plus s'élancer de nouveau dans l'atmosphère que quand il a plongé ses ailes dans une eau réparatrice.

Les dactyloptères usent d'autant plus souvent du pouvoir de voler qui leur a été départi, qu'ils sont poursuivis dans le sein des eaux par un grand nombre d'ennemis; plusieurs gros poissons voraces, tels que les scombres et les dorades cherchent à les dévorer. Telle est la malheureuse destinée de ces animaux, qui, poissons et oiseaux, sembleraient avoir un double asile, qu'ils n'échappent aux périls de la mer que pour être exposés à ceux de l'atmosphère, et qu'ils n'évitent la dent des habitants des eaux que pour être saisis par le redoutable bec des frégates, des mouettes, et de plusieurs autres oiseaux marins. Ces poissons se rencontrent dans toutes les mers des climats tempérés, mais c'est principalement auprès des tropiques qu'ils habitent en grand nombre.

Mes enfants, ajouta M. de July, nous avons parcouru presque toutes les classes des poissons, d'ailleurs nous voilà arrivés à la maison. Remettons donc à un autre jour la suite de nos conversations sur l'histoire naturelle. Nous allons nous reposer un instant, prendre notre repas du soir et nous livrer au repos, après nous être mis sous la protection du Dieu puissant du ciel.

FIN.

Tours, impr. Mame.

www.ingramcontent.com/pod-product-compliance
Lightning Source LLC
LaVergne TN
LVHW012023160826
845678LV00002B/985

* 9 7 8 2 3 2 9 6 5 3 8 1 5 *